童話夢遊
著色本

Dinner Illustration 著

第一部

自己的童話自己畫！

讓我們一起遨遊在色彩繽紛的童話世界！

你知道這些童話背後的故事嗎？

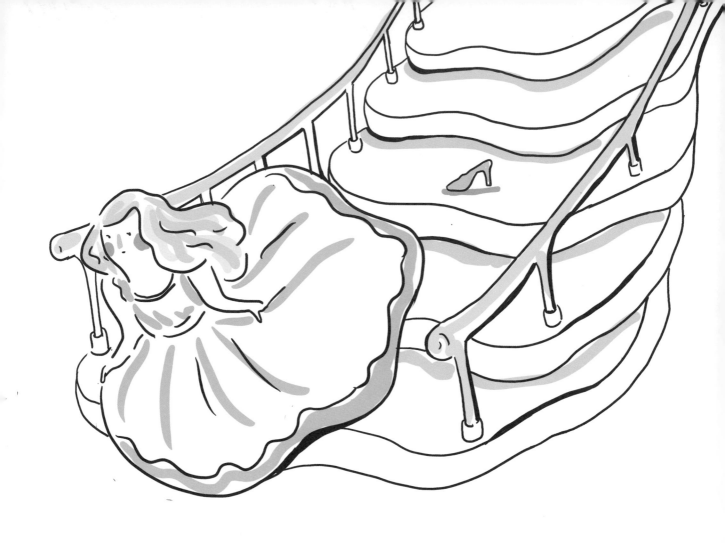

灰姑娘匆忙下樓跑回家時，左腳的鞋子被黏在

臺階上面，留下來了。　　　　　　　—〈灰姑娘〉

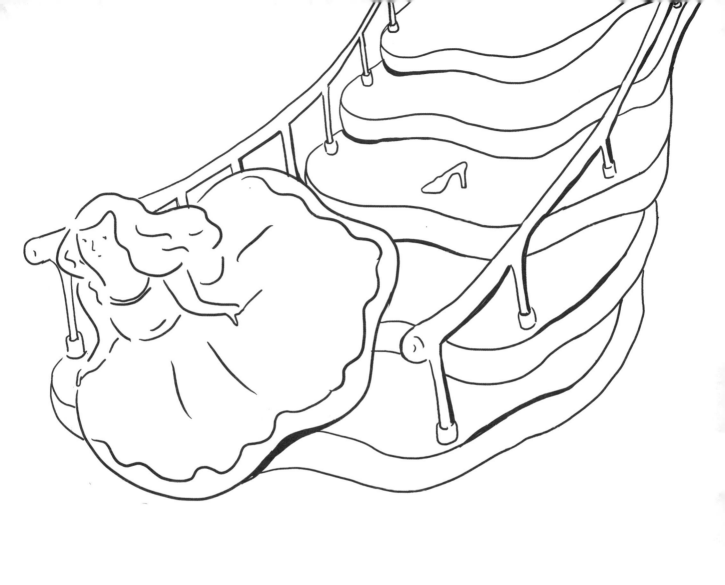

「現在你們快去找些石頭來，趁著這個壞東西還在睡覺，
把石頭裝進牠的肚子裡。」 　　　　　　　——〈野狼和七隻小羊〉

「這是我家耶，你怎麼可以不經過我允許就

　闖了進來呢？」　　　　　——〈幸運的女傭〉

「如果你們能回答我的謎題，我就還你們自由。

否則，你們的靈魂就是我的了。」

　　　　　　　　　　　　── 〈惡魔和祖母〉

「你救我出來，你可知道我要給你什麼
禮物嗎？」　　　　—〈玻璃瓶中的妖怪〉

「仁慈的國王，我的主人在湖裡游泳時，衣服被偷走了，
一直不敢上岸。」 ──〈穿長筒靴的公貓〉

「你會發現一隻叫格來弗的怪鳥，你和丈夫要趕快跳上
牠的背，越過紅海。」　　　　　　　——〈會唱會睡的雲雀〉

天鵝翅膀上的羽毛如果可以有點層次的話，看起來會更生動唷！

王后把汗衫一件一件丟到王子們身上，王子們立刻變成六隻天鵝，
飛向森林的另外一邊去了。 ——〈天鵝王子〉

老大說了一聲：「桌子，準備吃的！」

桌上立刻鋪好潔白的桌巾，大盤子裡盛滿可口的食物。

—〈三兄弟〉

「奶奶，您的嘴為什麼那麼大？」

—〈小紅帽〉

「萵苣姑娘、萵苣姑娘！把你的長髮垂下來吧。」 　　　　　——〈萵苣姑娘〉

「放心吧！惡夢已經過去了。」

〈翹鬍子國王〉

「如果我有四枚金幣，我就可以買一頭母牛回來。」

—〈瘦小的莉莎〉

「你可以提出三件事，如果我無法做到，
　任憑處置。」　　　　　　　　—〈神偷〉

「為什麼我來到天國，不像有錢人一樣有歌聲歡迎，

難道天國也有窮富之分？」 　　　　—〈天國的農夫〉

「兒子啊，你離家一年，學到了什麼呢？」

「嗯，我學了狗語！」　　　—〈三種語言〉

「你竟敢違背我的命令，要是下次再這樣，你就會沒命的！」

—〈替人命名的死神〉

「卓姆吉山、卓姆吉山，開門吧！」

——〈吉美列山〉

「父王，弟弟想害死你。我們帶來的，才是真正的生命之水。」

—〈生命之水〉

「我們來比賽，看誰跑得快，我敢說，我一定會贏過你。」　　——〈布可斯達夫的刺蝟和兔子〉

這一頁有很多角色跟景物重疊的部分，要來挑戰各位小朋友嘿嘿嘿！

因為男孩曾經被鳥抓到樹上，所以，大家都叫這個
男孩為「鳥童」。 ──〈鳥童〉

「萬事通大夫，請幫我找回被偷的錢，好嗎？」

——〈萬事通大夫〉

「把這些麻紡成紗，如果全紡完了，我就讓
大王子做你的夫婿。」 ——〈三個紡紗女〉

那間小屋是麵包做成的，屋頂鋪著餅乾，
而窗子是白糖做的。　　　　　　—〈麵包屋〉

「呱呱呱，請你把金盤子推過來，好讓我能跟你一起吃飯。」 —〈青蛙王子〉

「欸，你們不覺得害羞嗎？為什麼要跟著一個大男人
這樣在田裡走來走去的！」　　　　　—〈金鵝〉

「我家離這裡有一小時的路程，對你來說，應該不成問題！」

——〈泉水旁邊看守鵝群的女孩〉

「這個蘋果送給你吧！」

「我不要，我什麼都不能要！」

　　　　　　　　──〈白雪公主〉

玫瑰樹叢裡有一個王宮，王宮中有一位非常美麗的公主，
已經在那裡沉睡了一百年。　　　　　　　　—〈玫瑰公主〉

月亮升起時，有許多小矮人，手拉著手圍著圈圈邊跳舞邊唱歌。

　　　　　　　　　　　　　　　　　　— 〈小矮人的禮物〉

「只要穿這件衣服，把手伸進口袋，就能掏出一把金幣。」

—〈披熊皮的人〉

「即使全世界的人都拋棄你，我也不會拋棄你。」

　　　　　　　　　　　——〈沒有手的女孩〉

「漁夫先生，請放了我吧！我不是普通的比目魚，

　我是被施了魔法的王子。」　　　——〈漁夫與他的妻子〉

「我已經有了一匹白馬，現在我想要到各地去旅行。」

—〈老實的費南度和陰險的費南度〉

第二部

童話元素大集結！

接下來，讓我們發揮自己的創意吧～

可以按照 Dinner 老師示範的做繪畫練習

也可以加上不一樣的色彩

創造出自己的故事吧！

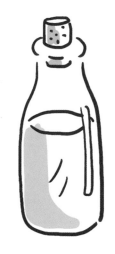

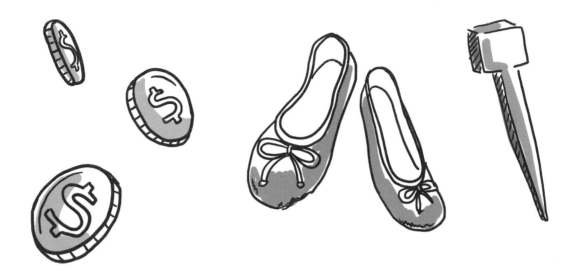

Light 007
童話夢遊著色本

作　　者：Dinner Illustration
插　　畫：Dinner Illustration
裝幀設計：Dinner Illustration
副總編輯：吳愉萱
編　　輯：李映青、賀郁文
行銷企畫：黃禹舜
業務主任：楊善婷

發 行 人：賀郁文

出版發行：重版文化整合事業股份有限公司
臉書專頁：https://www.facebook.com/readdpublishing
連絡信箱：service@readdpublishing.com

總 經 銷：聯合發行股份有限公司
地　　址：新北市新店區寶橋路235巷6弄6號2樓
電　　話：(02)2917-8022　傳　真：(02)2915-6275

法律顧問：李柏洋
印　　製：沐春行銷創意有限公司

一版一刷：2024年02月
定　　價：新台幣320元
ISBN：978-626-97865-3-4